中国农业科学院农业环境与可持续发展研究所

北京市农业技术推广站

农业农村部农业生态与资源保护总站

地膜漫谈

李 真 严昌荣 周继华 王 飞 著

中国农业科学技术出版社

图书在版编目（CIP）数据

地膜漫谈 / 李真等著. -- 北京：中国农业科学技术出版社，2019.12
ISBN 978-7-5116-4401-5

Ⅰ.①地… Ⅱ.①李… Ⅲ.①农用薄膜 – 普及读物Ⅳ.①TQ320. 73-49

中国版本图书馆CIP数据核字（2019）第272966号

责任编辑	闫庆健　王思文
责任校对	李向荣
出 版 者	中国农业科学技术出版社
	北京市中关村南大街12号　　邮编：100081
电　　话	（010）82106632（编辑室）　　（010）82109702（发行部）
	（010）82109709（读者服务部）
传　　真	（010）82106650
网　　址	http://www.castp.cn
经 销 者	各地新华书店
印 刷 者	北京富泰印刷有限责任公司
开　　本	880mm×1230mm　1/16
印　　张	6
字　　数	75千字
版　　次	2019年12月第1版　　2020年4月第2次印刷
定　　价	30.00元

───────────────────────

内容提要

　　《地膜漫谈》以科普漫画的形式对地膜的特性、作用、污染危害及最新国家标准与法律法规进行了系统讲解。结合农业生产实际，明确了地膜种类选择、地膜应用模式、回收地膜的处理等事项，并对代表性应用模式进行了介绍。全书深入浅出、简洁易懂，对于宣传最新政策法规与科技成果，推动地膜覆盖技术的科学应用与管理具有良好作用。

前　言

　　地膜覆盖技术在我国的广泛应用促进了粮食、蔬菜等农作物产量与品质的提高，扩大了作物适种区域，延长了农产品的供应季节，丰富了农产品市场，为我国亿万人民吃饱吃好发挥了重要作用。

　　同时，地膜覆盖技术的广泛应用与后期回收处理的缺失造成一定程度的残留污染。残留在农田土壤中的地膜碎片不仅会破坏土壤结构，阻碍农机作业，甚至会影响作物生长发育，降低农产品的产量与品质。

　　为解决地膜残留污染问题、强化地膜覆盖技术的合理应用，我国先后出台了多项法律法规与标准，规范地膜市场、完善地膜的应用回收与管理，主要包括：《土壤污染防治行动计划》《中华人民共和国土壤污染防治法》《聚乙烯吹塑农用地面覆盖薄膜 GB 13735—2017》《全生物降解农用地面覆盖薄膜 GB/T 35795—2017》等。

　　本书采用科普漫画的形式，与广大农业科研与推广技术人员、农民朋友一起梳理地膜覆盖技术在农业生产中的重要作用，关注地膜残留污染特点和危害，明确合理选择、应用、回收地膜的重要性与具体举措，为科学应用与管理地膜起到宣传作用。

本书在编写过程中得到了农业农村部科技教育司、中国农业科学院农业环境与可持续发展研究所、农业农村部农业生态与资源保护总站、北京市农业技术推广站等单位的大力支持，在此表示衷心的感谢！特别感谢郝先荣副研究员、何文清研究员、刘恩科研究员、刘勤副研究员、刘琪博士等对此书编制出版给予的无私帮助和宝贵意见；感谢左佐森工作室与中国农业科学技术出版社在绘图及出版编排中的鼎力支持！同时，感谢国家重点研发计划项目"环境友好型地膜覆盖技术研究与集成示范（2017YFE0121900）"；国家公益性行业（农业）科研专项"残膜污染农田综合治理技术方案（201503105）"；中国农业科学院基本科研业务费专项"新疆加工番茄全生物降解地膜覆盖栽培与秸秆堆肥处理工艺的研究及评价（Y2018PT61）"；兵团重大科技项目"新疆棉田残膜污染综合治理新技术及装备的示范应用（2018AA001/05）"；中国工程院咨询项目"我国地膜覆盖及残留污染防控战略研究（2017XZ18）"的资助；感谢中国农业科学院创新工程以及课题组其他成员为本书出版提供的诸多支持与帮助！

书中地图引自中国地图出版社《中华人民共和国地图》2019年1月修订版，审图号 GS（2006）1191。

书中不妥之处，殷切希望广大同仁与读者不吝赐教，批评指正。

著者

2019 年 11 月

目　录

未使用地膜

移栽

除草

浇水

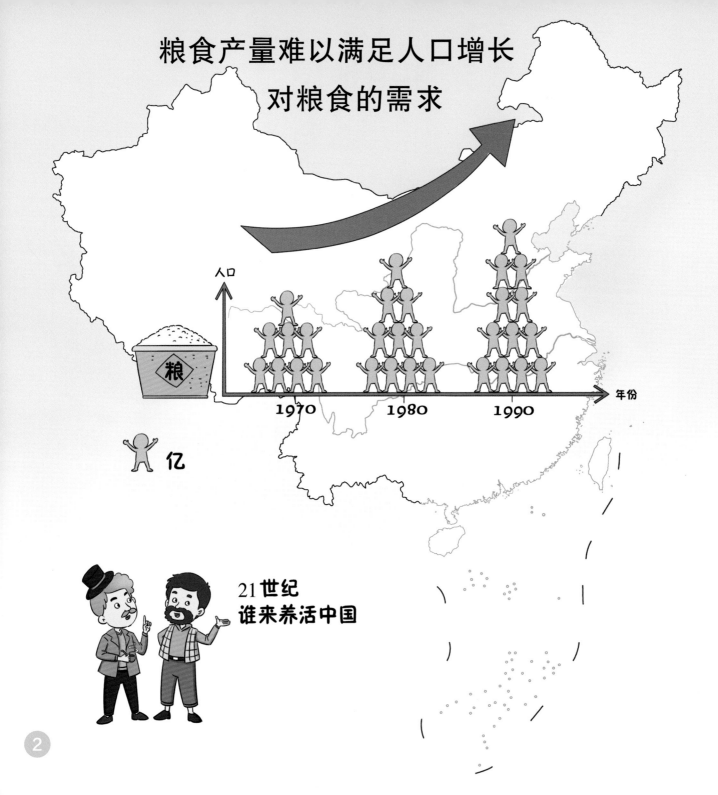

粮食产量难以满足人口增长对粮食的需求

人口

粮

亿

1970   1980   1990   年份

21世纪
谁来养活中国

应用地膜之后

覆膜播种一体化

灌溉施肥一体化

现代科技融入农业生产、改善农民生活

中国全面解决了温饱问题

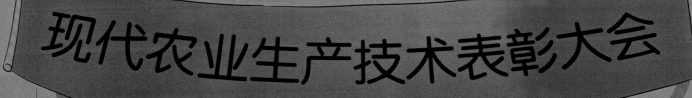

现代农业生产技术表彰大会

地膜覆盖技术的应用促进农作物普遍增产达 30%~50%

5

一 神奇的地膜

地膜的诞生

① 我们来自石油和煤炭

② 不知道哪来的巨大力量把我们带到了地面上

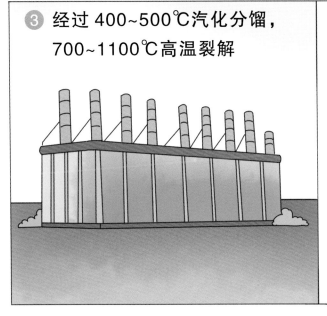

③ 经过 400~500℃汽化分馏，700~1100℃高温裂解

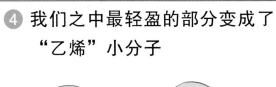

④ 我们之中最轻盈的部分变成了"乙烯"小分子

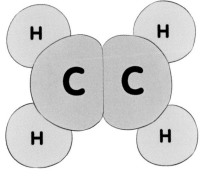

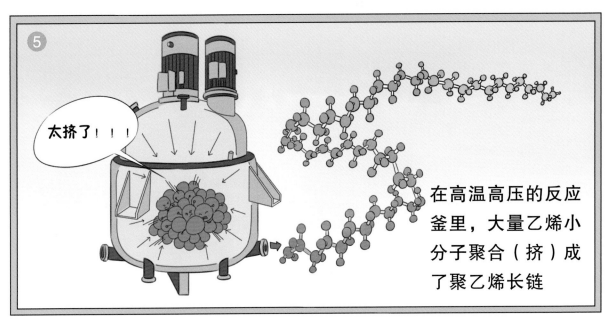

5 太挤了！！！

在高温高压的反应釜里，大量乙烯小分子聚合（挤）成了聚乙烯长链

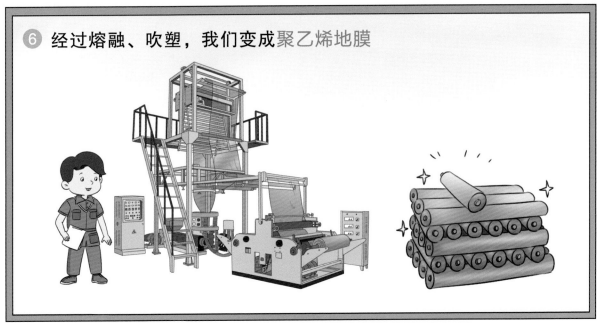

6 经过熔融、吹塑，我们变成聚乙烯地膜

地膜具有强阻隔性，夸张些说"风吹不透，水泼不进"

原因一：疏水性强

水分子	聚乙烯
水分子电荷分布不均，是极性分子	聚乙烯电荷对称分布，是非极性高分子

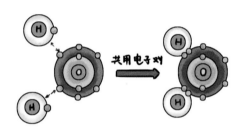

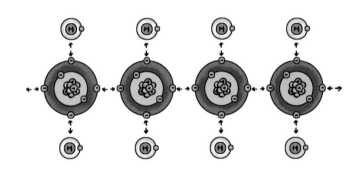

所谓"道不同不相为谋"，聚乙烯与水分子相互疏离，形成强疏水性

疏水性材料

亲水性材料

原因二：结构规整

我们结构简单规整，有利于紧凑排列

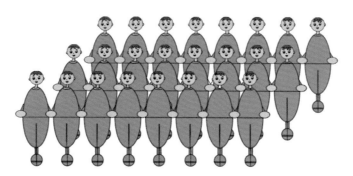

原因三：质地密

也不想想我们都挤成什么样了

地膜改变地表热交换，使 5cm 土壤温度提高 2~5℃

增温

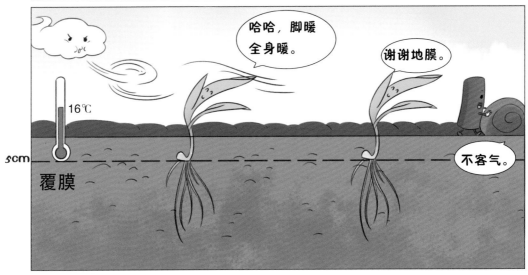

由于地膜覆盖的增温作用，玉米、蔬菜等作物种植北界北移；也使得蔬菜、烟草等作物在高海拔地区种植成为现实

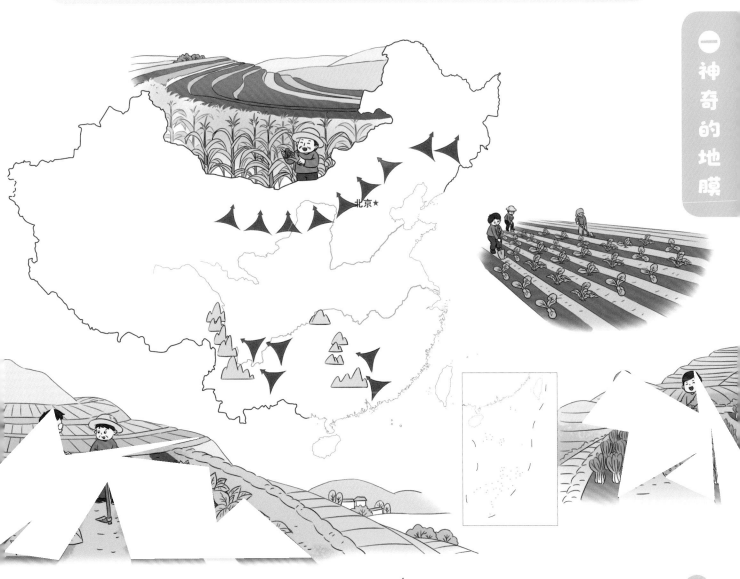

北京★

地膜阻止土壤水分散失，提高作物水分利用效率 30%~50%

地膜漫谈

保墒

通过降低土表水分蒸发，抑制盐分上移，保持耕层低含盐量

压盐

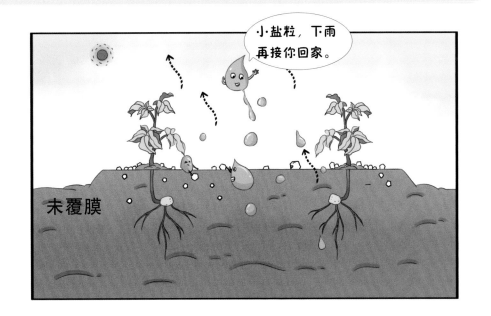

蒸发水

凝结水

盐

形成持续
淋洗环境

膜下滴灌保墒压盐，西北荒漠变良田

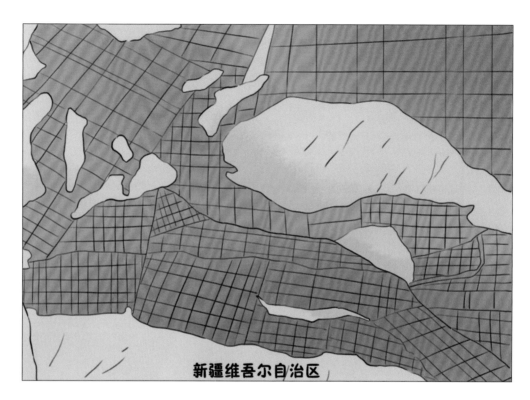

新疆维吾尔自治区

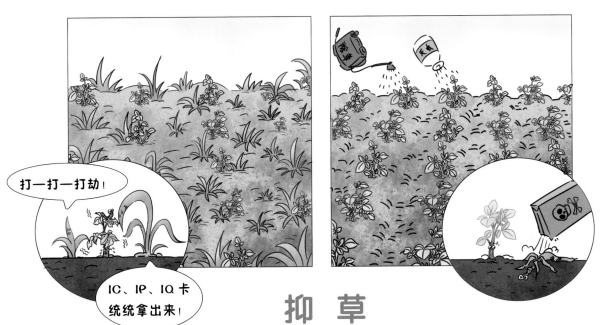

抑 草

物理遮光抑制杂草萌发与生长

银色地膜改善冠层下部的光照强度，提高作物产量和品质

未覆膜　　　　　覆膜

未覆膜　　　　　覆膜

覆盖地膜促生长，提早上市收益好

不覆膜

4月下旬至7月上旬　　　　7月上旬至9月下旬

覆膜

还可增加种植茬数，提高土地利用率，增加收入

4月上旬至6月上旬　　6月上旬至8月上旬　　8月上旬至10月上旬

促进作物产量普遍增加 30%~50%

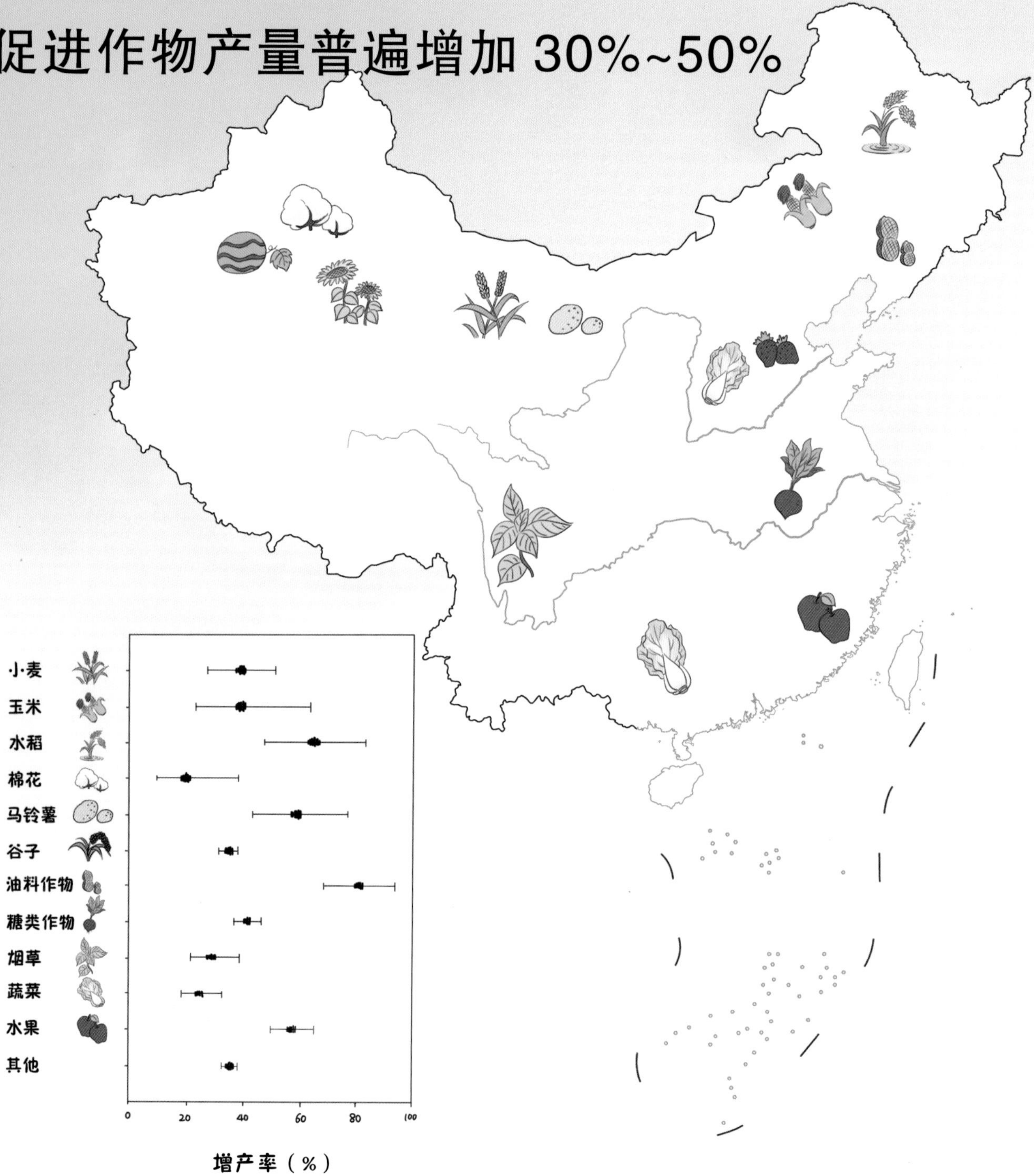

小麦

玉米

水稻

棉花

马铃薯

谷子

油料作物

糖类作物

烟草

蔬菜

水果

其他

增产率（%）

二 地膜变"地魔"

但是地膜也很辛苦

生长季后

使用后的地膜机械强度降低，大量破碎，难以回收

回收地膜杂质多，难以分拣再利用

目前地膜含杂率在 70%~80%

混杂大量土壤会导致焚烧炉损坏

田头焚烧污染大，严令禁止莫违法

地膜降解速度慢，填埋丢弃不可取

27

在一些地方农民直接将地膜打碎混入农田土壤中

但是，粉碎就消失了吗？当然不是

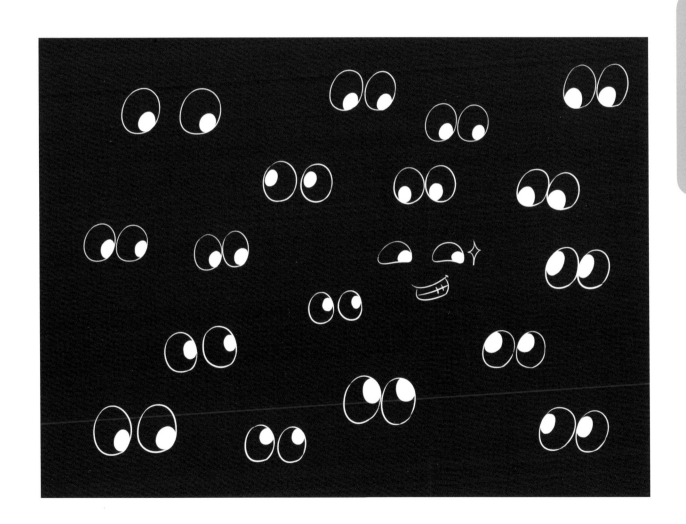

残留在土壤中的地膜破坏土壤结构，影响水肥均一运移

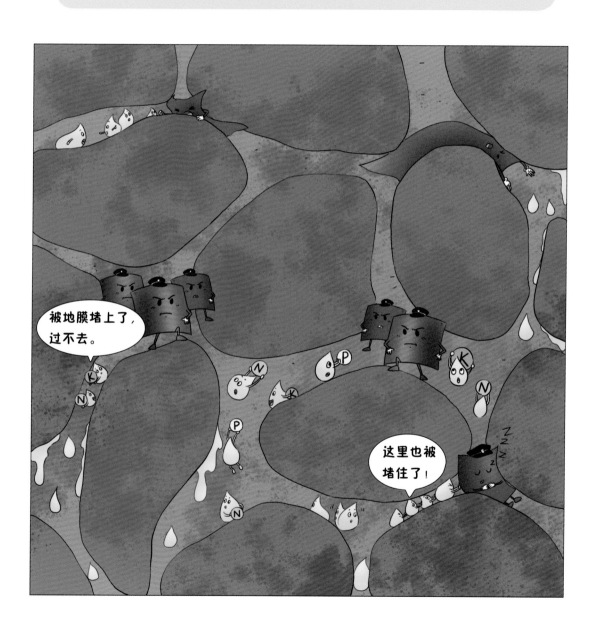

缠绕机械，影响农事作业

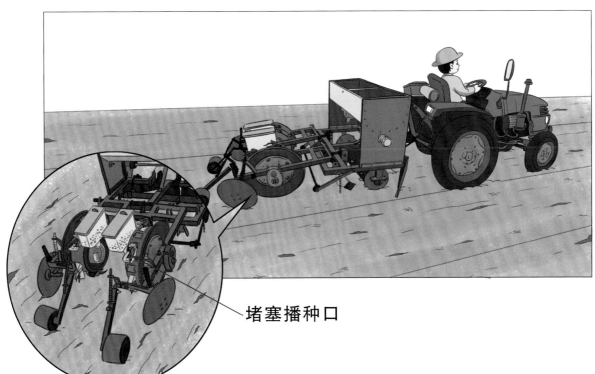

堵塞播种口

混杂了地膜的秸秆喂食牛羊导致消化不良、厌食甚至死亡

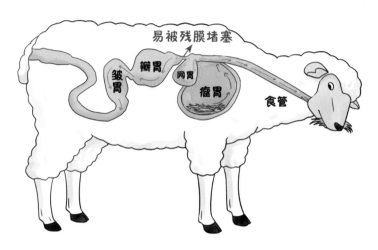

残留地膜逐渐降解变小，会生成具有巨大比表面积的微塑料，成为污染物的附着载体，对农业生态系统造成危害

将 60 μm 厚聚乙烯材料的塑料瓶埋入土中

37 年后取出

塑料瓶整体完好，只局部出现老化破损；根据老化破损程度，推算其完全降解需要 300 年（Ohtake et al., 1996; Ohtake et al., 1998）

地膜漫谈

三 地膜时代 2.0

地膜产品全面升级

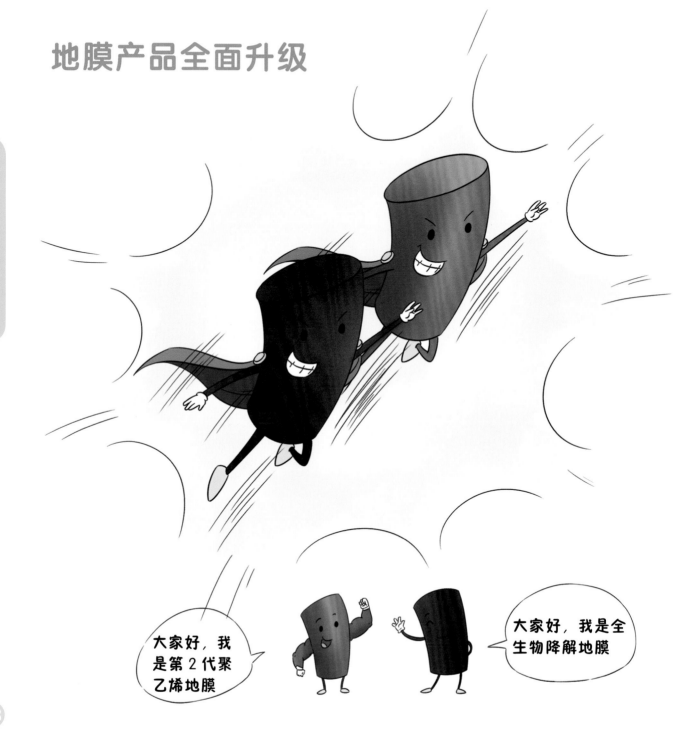

国家标准
GB 13735—2017

聚乙烯地膜 2.0

聚乙烯地膜主要性能对比

评价指标	第 1 代	第 2 代			第 2 代
地膜厚度	8~20 μm	10~15 μm	15~20 μm	20~30 μm	更厚
拉伸负荷（纵、横向）/N	≥ 1.3	≥ 1.6	≥ 2.2	≥ 3.0	更强
断裂标称应变（纵、横向）/%	≥ 120	≥ 260	≥ 300	≥ 320	更强
直角撕裂负荷（纵、横向）/N	≥ 0.5	≥ 0.8	≥ 1.2	≥ 1.5	更强

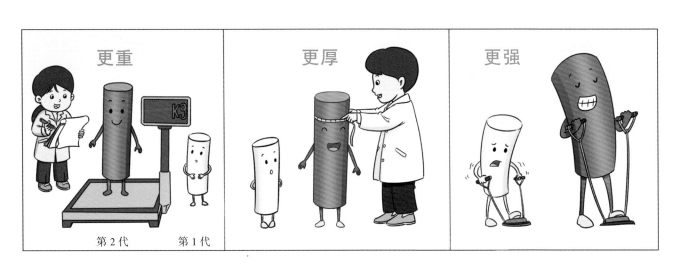

第 2 代聚乙烯地膜

第 2 代聚乙烯地膜厚度与机械强度明显增加，使用后基本能满足人工或机械回收要求，便于高效回收

传统聚乙烯地膜

地膜漫谈

第 2 代聚乙烯地膜回收后含杂率低，可"以旧换新"或由回收站有偿收购

传统聚乙烯地膜回收后含杂率高，回收再利用企业无法回收再利用

第 2 代聚乙烯地膜回收后仍能保持较高机械强度
且含杂率低，易于清洗再利用

传统聚乙烯地膜回收后机械强度低且含杂率高，
难以清洁，耗水量大，易损坏设备

第 2 代聚乙烯地膜回收清洗后，用途广泛，可用于建造路基，生产地砖、井盖、滴灌带、防晒网、再生塑料粒等

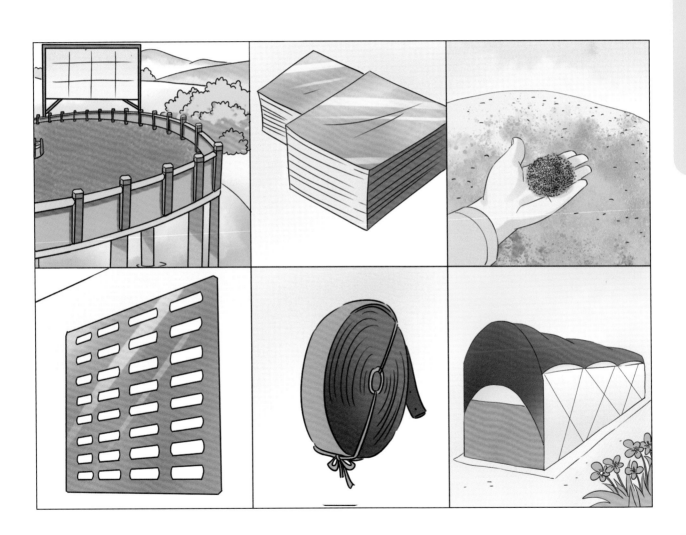

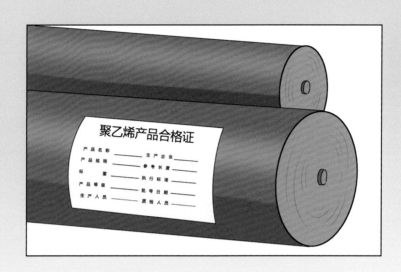

第2代聚乙烯地膜强度提高，厚度增加，使用更方便，回收更容易

请认准 GB 13735—2017 国家标准认证标志

特别提示：GB 13735—2017 是强制性国家标准，受法律监督保护，生产、销售未达标地膜产品将受到法律制裁和处罚

生物降解地膜

机械强度 = 传统地膜

增温保墒 ≈ 传统地膜

基本满足作物生长发育的需求

增产效果与传统地膜相当

生长季后快速安全降解

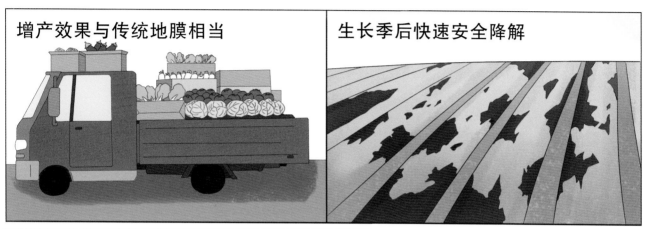

无需回收地膜，减少作业工序，避免地膜污染

全生物降解地膜 VS 传统聚乙烯地膜

降解时效

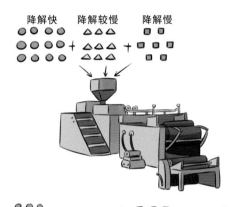

降解快　降解较慢　降解慢

通过对生物降解原料、添加剂进行优化组合，生产出具有不同降解时效和周期的地膜

⟹ 降解较快

⟹ 降解较慢

保墒性能

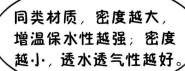

同类材质，密度越大，增温保水性越强；密度越小，透水透气性越好。

高密度

低密度

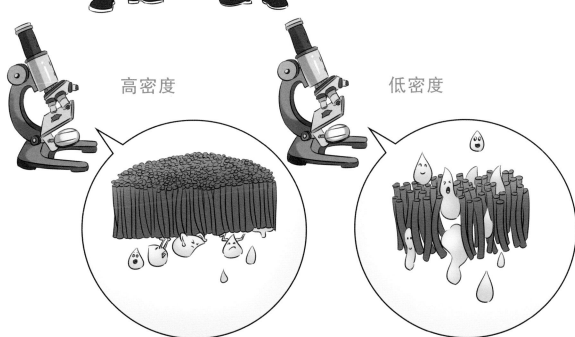

全生物降解农用地面覆盖薄膜国家标准（GB/T 35795—2017）

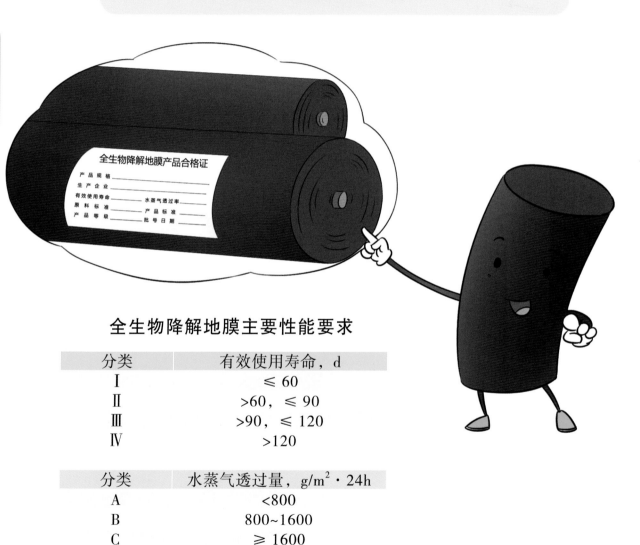

全生物降解地膜主要性能要求

分类	有效使用寿命，d
I	≤ 60
II	>60，≤ 90
III	>90，≤ 120
IV	>120

分类	水蒸气透过量，g/m² · 24h
A	<800
B	800~1600
C	≥ 1600

国家标准
GB/T 35795—2017

个性定制，更贴心的地膜

三 地膜时代 2.0

作物 \ 地膜	地膜有效使用寿命	地膜水蒸气透过率	地膜应用效果
马铃薯	Ⅱ 类	A 类	利于北方干旱 – 半干旱地区种植，后期降解利于淀粉积累和薯块生长
保护地蔬菜	Ⅰ 类	C 类	生长好、免回收，不影响下茬播种
露地蔬菜	Ⅰ 类	B 类	生长好、免回收，不影响下茬播种
水稻	Ⅰ 类	B 类	压草、增温、保水、免回收
棉花	Ⅲ 类	A 类	暂未达到聚乙烯地膜应用效果

51

氧化降解地膜

氧化降解地膜以聚乙烯为主要原料，向其中掺入氧化降解助剂制成

全生物降解地膜主要由易于被微生物分解利用的物质组成

为什么晒一晒再吃?

因为阳光能够切断分子链，就像切菜一样，切得碎了就容易烂了
呃，只是这个过程非常漫长

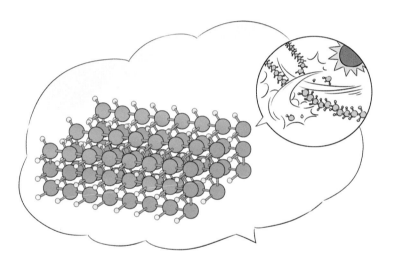

　　氧化降解地膜在光、热、力学作用下发生分子链断裂，但其降解时间和降解程度严重依赖于环境条件，国内外对此类产品存在较大争议

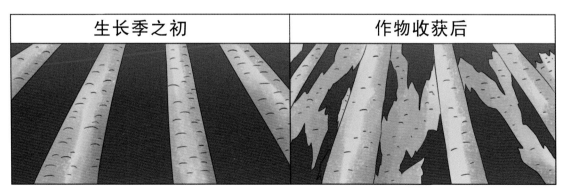

生长季之初	作物收获后

四 关键在规则

2018 年 8 月 31 日，十三届全国人大常委会第五次会议全票通过《中华人民共和国土壤污染防治法》，于 2019 年 1 月 1 日起施行。

2016 年 5 月 28 日，国务院发布《土壤污染防治行动计划》，简称"土十条"。

数据库

分类管理： 实施农用地分类管理，保障农业生产环境安全

优先保护类：
未污染或轻微污染

安全利用类：
轻度和中度污染

严格管控类：
重度污染

预防： 加强污染源监管，做好地膜残留污染预防工作

治理： 开展污染治理与修复，改善区域农田土壤质量

科技研发：加大科研力度，推动环境友好型地膜覆盖技术体系研究发展

教育示范： 加强先进地膜应用回收技术示范推广与宣传教育

加强法律监管

《土壤污染防治法》
明确负责人与责任内容
加强处罚力度！！

农户不回收地膜，则依据相关规定予以处罚教育

生产商如因违规造成环境污染，则根据相关规定予以处罚

地膜漫谈

政府领导：发挥政府主导作用，构建农田地膜残留污染综合防治体系

政绩考核：作为地方政绩考核重要内容，严格责任追究

不达标者约谈

并予以严肃处理

共同努力，营造良好的农业土壤环境，保障国家粮食安全

五 地膜应用模式

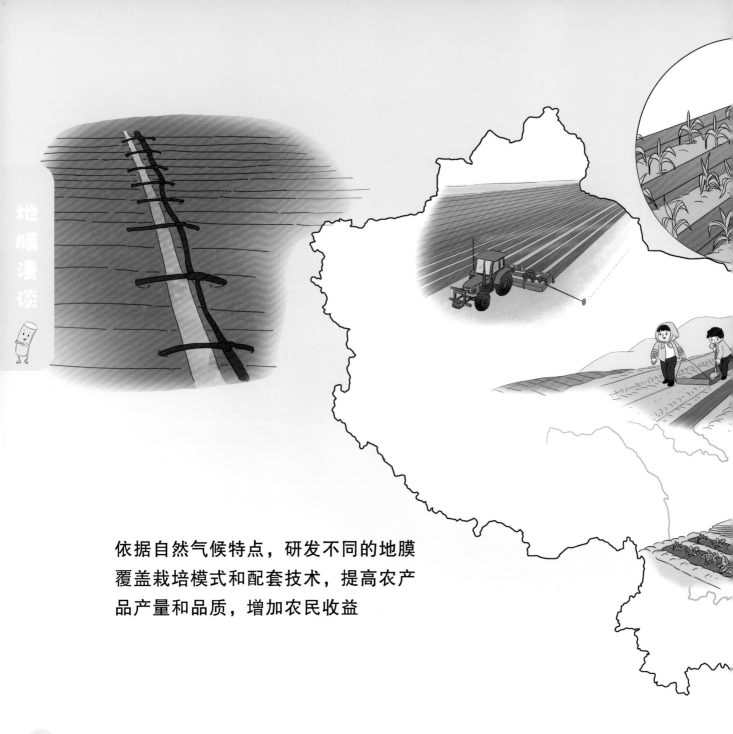

依据自然气候特点，研发不同的地膜
覆盖栽培模式和配套技术，提高农产
品产量和品质，增加农民收益

新疆维吾尔自治区

地膜漫谈

膜下滴灌技术

应用覆膜播种联合作业机，实现开沟、施肥、铺管、覆膜、打孔、精量播种、覆土、压土等一体化作业，每台机器的日作业量 = 传统种植模式下 600 人的日工作量

滴灌带　覆膜　种子箱　覆土　压土　压边　定位杆

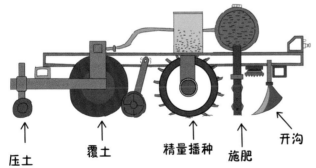

压土　覆土　精量播种　施肥　开沟

该技术荣获国家科技进步一等奖

范例 2- 甘肃模式

全膜双垄沟播技术

秋覆膜技术：实现秋雨春用，改善土壤墒情

秋

春

一膜两用技术：减少地膜投入，减少作业工序

←第二茬玉米

←第一茬玉米

范例 4- 反光膜应用技术

利用反光膜特性，改善冠层下部的光照强度，
提高果实着色率与产品价值

范例 5- 生物降解地膜应用技术

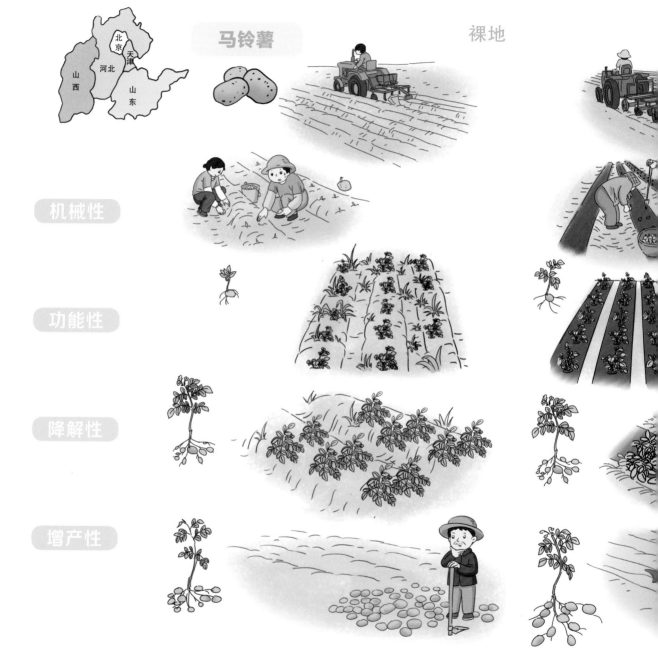

马铃薯

裸地

机械性

功能性

降解性

增产性

聚乙烯地膜　　　　　　　生物降解地膜

能够满足机械
铺膜要求

良好的增温保墒
除草功能

成熟期地膜破裂
有利于薯块膨大

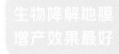

生物降解地膜
增产效果最好

五
地
膜
应
用
模
式

有机水稻

黑龙江

吉林

辽宁

整地施肥

覆膜播种

节水灌溉

应用生物降解地膜能够起到防草、增温、保墒、节水、增加水稻产量、提高稻米品质等重要作用

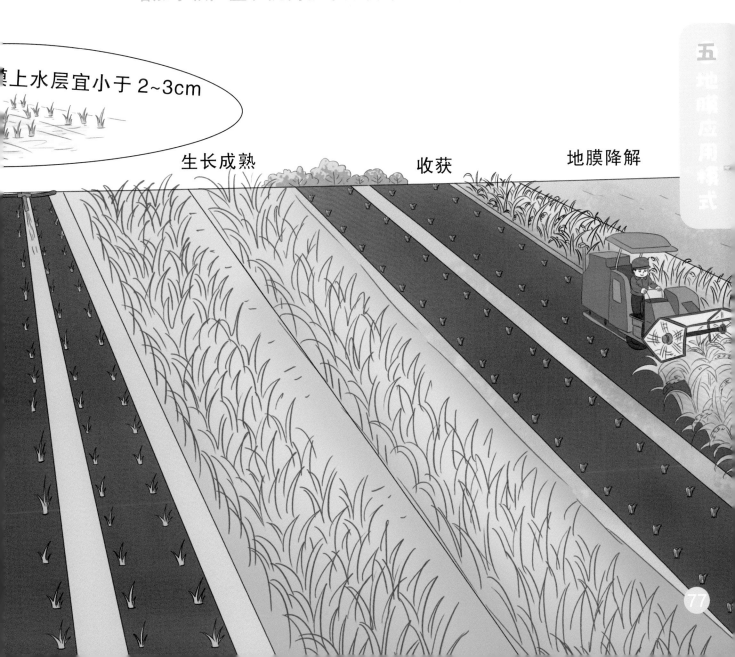

膜上水层宜小于 2~3cm

生长成熟

收获

地膜降解

六 科学使用地膜

正确选择地膜

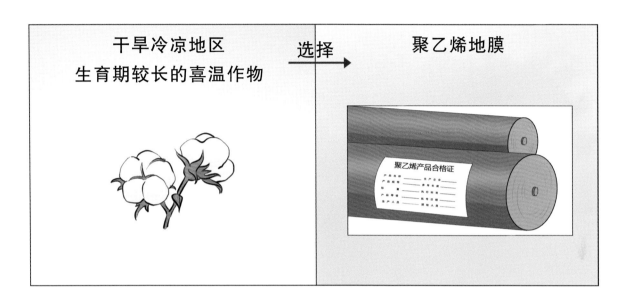

干旱冷凉地区
生育期较长的喜温作物

选择 →

聚乙烯地膜

全生物降解地膜产品合格证

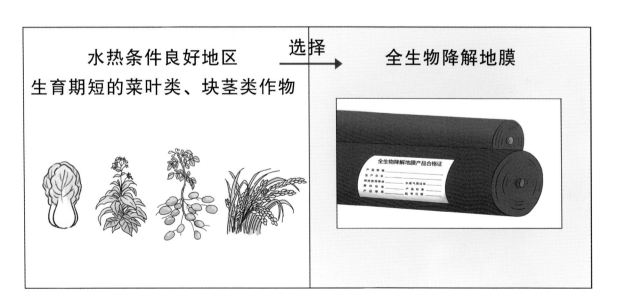

水热条件良好地区
生育期短的菜叶类、块茎类作物

选择 →

全生物降解地膜

精细整地：铺膜前需进行精细整地，残留在土壤中的秸秆等坚硬物体容易刺穿地膜而影响其作用效果

覆膜：不应过分拉扯地膜，以防止造成机械损伤，影响后期回收

铺滴灌带: 黑色滴灌带易吸收热量,阳光照射下产生较高温度,导致地膜沿滴灌带上方破裂,影响使用效果。正确做法:宜在滴灌带上方覆 2cm 土壤,与地膜隔开

覆土： 覆盖地膜时需覆土压实，大风地区尤需注意

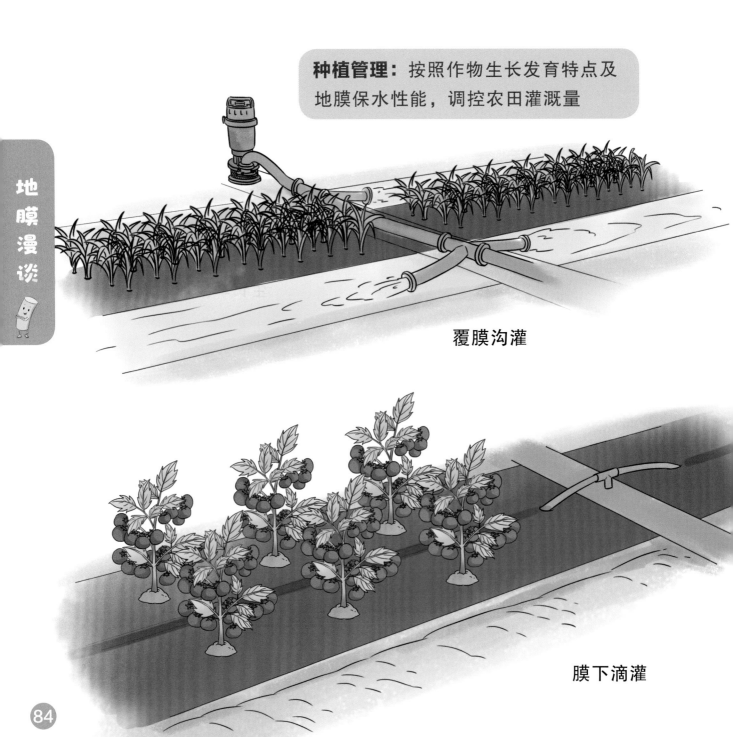

种植管理： 按照作物生长发育特点及地膜保水性能，调控农田灌溉量

覆膜沟灌

膜下滴灌

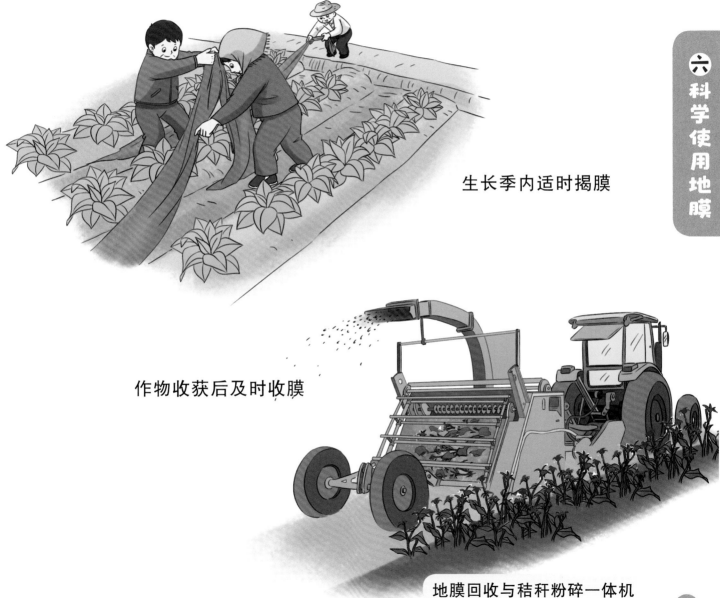

适时揭膜：应及时收膜，减少地膜破损，提高地膜回收率

生长季内适时揭膜

作物收获后及时收膜

地膜回收与秸秆粉碎一体机

六 科学使用地膜

85

注意除杂： 收膜过程中注意除去表面杂质

通过毛刷刷除地膜表面土壤、秸秆等杂质

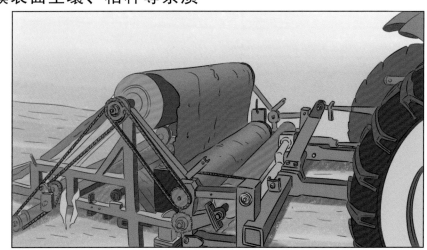

通过机器振动抖落
土壤、秸秆等杂质

回收：交给回收公司或回收站处理